ÜBER DEN EINFLUSS DER NATURWISSENSCHAFTEN AUF DIE WELTANSCHAUUNG

ÜBER DEN EINFLUSS DER NATURWISSENSCHAFTEN AUF DIE WELTANSCHAUUNG

VORTRAG

GEHALTEN AUF DER 75. VERSAMMLUNG
DEUTSCHER NATURFORSCHER UND ÄRZTE ZU CASSEL
AM 21. SEPTEMBER 1903

VON

ALBERT LADENBURG
O. PROFESSOR DER CHEMIE AN DER UNIVERSITÄT BRESLAU

LEIPZIG
VERLAG VON VEIT & COMP.
1903

Druck von Metzger & Wittig in Leipzig.

Im ersten Buch Moses steht zu lesen:

„Und Gott sprach, es werde Licht und es ward Licht.“

Hell in den Köpfen ward es aber erst, als die Heiligkeit der Bibel bezweifelt und sie wie alle Bücher als Menschenwerk angesehen wurde.

Der erste denkende Mensch war ein Religionstifter. Seine Philosophie mußte ihm seine Abhängigkeit von der Natur aufdrängen, und so ist wohl der Gottesbegriff, wahrscheinlich zuerst die Vielgötterei entstanden. Mit der Zeit aber findet sich der Mensch auf der Erde zurecht, später fühlt er sich gar als ihr Herrscher und nun spricht er das stolze Wort:

„Gott schuf den Menschen nach seinem Ebenbild.“

Damals sah man die Erde im Mittelpunkt der Welt, die Sonne und alle Gestirne bewegten sich um sie. Daher auch die Sorge und Zärtlichkeit, mit der

Gott sein Geschöpf umgibt. Dessen Wohl und Wehe gehen ihm nah und jederzeit findet der Fromme bei ihm Gehör. Er richtet streng, aber gerecht und scheut kein Wunder, wenn es gilt die Tugend zu belohnen, das Laster zu bestrafen. Damals waren Gottesfurcht und Gottesdienst des Lebens Endzweck, und alle Moral und Ethik kamen aus der Religion: so empfing Moses die zehn Gebote aus der Hand des Schöpfers.

Mit der Zeit aber wurde die Welt schlecht und schlechter. Das größte Wunder mußte geschehen, um sie zu bekehren: Gott schickte seinen eingeborenen Sohn. Christus aber mußte elend sterben, damit eine verjüngte, neue Religion entstehen konnte.

Unsere heutige Kultur wurzelt jedoch nicht im Christentum allein, sehr vieles danken wir den Heiden, zumal den Griechen.

Ja, die Hellenen!

„Wie anders wirkt dies Zeichen auf uns ein!"

Wer könnte dem Zauber des Griechentums widerstehen. Die Griechen waren das auserlesene Volk der Erde und doch haben sie nie einen Jehovah gekannt. Was haben sie nicht alles in ihrer kaum tausendjährigen Geschichte geleistet, welche Fülle von glänzenden Namen haben sie uns hinterlassen, welche Literatur, welche Plastik und Architektur! Ihre Philosophen fordern noch heute unsere Bewunderung heraus, berühmt sind auch ihre Mathematiker, und Jeder kennt die Namen eines Pythagoras, Euklid und Archimedes und weiß damit einen Begriff oder einen Lehrsatz zu verbinden. Weniger bekannt sind die griechischen Astronomen, Geographen und Naturforscher, und doch haben sie auch in diesen Wissenschaften Großes geleistet: Schon Pythagoras nahm die Kugelgestalt der Erde an, Aristarch von Samos versetzte die Sonne in den Mittelpunkt der Welt, Hipparch bestimmte Distanzen und Größen von Sonne und Mond, Ptolemäus fertigte Erdkarten an, in denen Europa und einige Teile Asiens und Afrikas ziemlich richtig verzeichnet sind. Und welche Fülle von Beobachtungen über Tier- und Pflanzenwelt verdanken wir Aristoteles, in dem wir einen Cuvier und Linné des Altertums verehren dürfen. Seine philosophischen Theoreme beherrschten das ganze Mittelalter, obgleich er hier viel weniger originell war und vieles Empedokles und Demokritos entlehnte.

Mit dem Sturz des römischen Reiches und der Völkerwanderung gingen alle diese Ansätze wieder verloren und das Mittelalter breitete seine tiefen Schatten aus. Unwissenheit und Aberglaube werden die herrschenden Mächte — in ihrem Gefolge erscheinen Intoleranz, Inquisition, Hexenverfolgung, religiöser Wahnsinn u. s. w. Auch die führenden Geister lehren Unsinn. Hören wir, was im sechsten Jahrhundert, also vierhundert Jahre nach Ptolemäus, ein damals berühmter Mönch, Cosmas, der auch wie jener in Alexandria lebte, über die Welt zu sagen weiß:

„Die Welt ist ein flaches Parallelogramm, dessen Länge von Ost nach West doppelt so groß ist als seine Breite. Im Mittelpunkt liegt die von uns bewohnte Erde, vom Ozean umgeben. Im Norden der Welt ist ein hoher konischer Berg, um den Sonne und Mond beständig kreisen. An den äußersten Ecken der Erde ist der Himmel befestigt, der aus vier hohen Wänden besteht, die sich zu einer großen Höhe erheben und an ein gewölbtes Dach stoßen. Das so entstehende Gebäude, dessen Fußboden unsere Erde ist, wird durch das Firmament in zwei Stockwerke geteilt, von denen das eine von den Seligen, das andere von den Engeln bewohnt wird.“

Da müssen wir doch des Goetheschen Wortes gedenken:

„Mich dünkt, ich hör' ein ganzes Chor
Von hunderttausend Narren sprechen.“

Fast ein Jahrtausend vergeht, bis die Stimme der Vernunft wieder gehört wird.

Erst mit der Zeit des Humanismus und der Vertreibung der Scholastik kann von einem Erwachen der

Wissenschaften die Rede sein. Vorher trieben Pseudowissenschaften wie Astrologie und Alchemie ihr Wesen.

Ein Künstler war es, ein Poet, Francesco Petrarca, der das Altertum zuerst wieder an das Tageslicht zog. In ihm war eine leidenschaftliche, verzehrende Sehnsucht nach der geistigen Größe des alten Rom vorhanden. Er hat sein ganzes langes Leben dem Aufsuchen und der Verbreitung von Handschriften und Codices alter römischer Autoren gewidmet. Namentlich waren es die Werke eines Cicero und Vergil, die er zu neuem Leben erweckte. Mit der griechischen Sprache wurde er erst spät und mangelhaft vertraut, doch war er schon vorher in den Besitz eines Homer gekommen, den man ihm von Griechenland gesandt hatte. — Lange hat es gedauert, bis der Geist des Hellenismus aus der Asche wieder emporstieg. Hier hören wir Boccaccio's Namen nennen, der den Meisten nur als Novellist bekannt, ebenso wie Petrarca als Dichter liebeatmender Sonette. Beider Bedeutung und Größe liegt aber in der begeisterten Verehrung der Antike und der Wissenschaft.

In Deutschland beginnt der Humanismus erst etwa hundert Jahre später, in der Mitte des fünfzehnten Jahrhunderts. Er wird hier zunächst aus Italien eingeführt, und kein Geringerer ist es, als Enea Silvio de Piccolomini, der spätere Papst Pius II., der zu diesem Zwecke nach Deutschland gesandt wird. Der nimmt es auch mit seiner Aufgabe ernst und läßt nichts unversucht, die Deutschen für die klassischen Studien zu begeistern. Aber bald verzweifelt er an der wissenschaftlichen Reformation Deutschlands: seine Gegner, Scholastik und Trunksucht vermag er nicht auszutreiben. Das Samenkorn aber, das er gestreut, geht nicht verloren — die Saat geht auf, der Humanismus findet in Deutschland einen geeigneten Boden. Wenn auch die Männer, die ihn hier vertreten, aus anderen Kreisen stammen, als die sind, an die sich Silvio gewandt hatte, so sind sie doch den besten italienischen Humanisten ebenbürtig. Ich denke dabei an Erasmus von Rotterdam.

Für die Kulturentwickelung Europas kann der Humanismus, d. h. das Wiederaufleben der alten griechisch-römischen Litteratur und Wissenschaft, nicht überschätzt werden. Ich glaube aber, daß diese wohl berechtigte Bewunderung zu unrichtigen Schlüssen und Veranstaltungen geführt hat. Statt die Resultate humanistischer Forschung für die Welt nutzbar zu machen und sie als Grundlage für die weitere Entwicklung zu benutzen, hat man geglaubt, daß jeder zur höheren Bildung Berufene den Weg der Humanisten einschlagen müsse, und daß die klassischen Sprachen das einzige Bildungselement für die Jugend seien. Welch *verhängnisvoller* Irrtum!

Gleichzeitig, sogar noch vor dem Humanismus, beginnt in Italien mit Cimabue und Giotto eine nationale Kunst zu entstehen, deren höchste Blüte im fünfzehnten und sechzehnten Jahrhundert erreicht wird, gefördert und befruchtet durch die Meisterwerke griechischer Schöpfung, welche in jener Zeit durch die humanistischen Bestrebungen der Vergessenheit und ihren Gräbern entrissen werden.

Fast zweihundert Jahre mußten aber nach der Geburt des ersten Humanisten vergehen, ehe die Naturforschung einen Schritt vorwärts tat, doch welch ein Schritt war das! Wir dürfen damit eine neue Zeitrechnung beginnen — das Zeitalter der Naturwissenschaften.

Christoph Columbus, aus Genua gebürtig, ist der Mann, den ich hier feiern muß als den großen Experimentator, als den ersten, der die Methode einführte, auf welcher der größte Fortschritt alles Wissens beruht. Wieviel ist schon über ihn geschrieben worden, welche Flut von Schriften hat das vor einem Jahrzehnt gefeierte 400jährige Jubiläum der Entdeckung Amerikas gezeitigt — und doch liegt nicht in der Entdeckung Westindiens und Amerikas sein Hauptverdienst: daß er es wagte, mit ungenügenden Mitteln, in einer Zeit, die noch tief in den Vorurteilen und dem Aberglauben des Mittelalters steckte, nur gestützt auf die feste Überzeugung der pythagoräischen Lehre von der Kugelgestalt der Erde, das im Sonnenaufgang liegende Land der Sehnsucht, der fabelhaften Reichtümer, der Spezereien, der Seide und der Edelsteine, von Westen her zu erreichen, darin liegt die große Tat, die ihn zum geistigen Vater der modernen Naturwissenschaften stempelt.

Wenn auch sein Experiment nicht vollständig glückte, wenn er auch das Ziel der Erdumsegelung nicht ausführen konnte, so ist doch nach ihm die Kugelgestalt der Erde nicht mehr ernstlich in Zweifel gezogen worden, und etwa dreißig Jahre nach Columbus' erster Seereise ist es wirklich Magelhaes oder eigentlich nach dessen Tode Sebastian del Cano gelungen, Ostindien durch die Magelhaesstraße zu erreichen.

Wieder zwanzig Jahre später, 1543, erscheint das erste gedruckte Exemplar — die Buchdruckerkunst war schon ein Jahrhundert früher erfunden worden — des berühmten Werkes „De Revolutionibus Orbium Coelestium" von Nikolaus Kopernikus aus Thorn, der fast sein ganzes Leben der Erforschung der in diesem Buch enthaltenen Wahrheiten gewidmet hatte. In der Vorrede des Werkes, das er dem Papst Paul III. zueignet, führt er aus, daß er lange über die *Bewegung* der Erde nachgedacht habe, und obgleich es scheinen könne, daß eine solche Annahme absurd sei, so habe er doch geglaubt, nachdem er in Erfahrung gebracht, daß schon Andere vor ihm solche Hypothesen aufgestellt hätten, sich die Freiheit nehmen zu dürfen und zu versuchen, ob nicht bei Zugrundelegung dieser Hypothese die Bewegung der Himmelskörper eine bessere Erklärung finde.

„Als ich nun die Bewegung der Erde um die Sonne annahm, so fand ich schließlich durch mühsame und andauernde Beobachtungen, daß die Bewegungen der anderen Planeten mit der Drehung der Erde vergleichbar sind, und daß das ganze so entstehende System in bezug auf Ordnung und Großartigkeit in einem so nahen Zusammenhang steht, daß kein Teil verändert werden kann, ohne das ganze Universum in Verwirrung zu bringen."

Die große Tat des Kopernikus, die sich ruhmvoll an die des Columbus anschließt, besteht darin, daß er an die Stelle des geozentrischen Systems das heliozentrische einführt, daß er annimmt, die Erde und die übrigen Planeten bewegen sich um die Sonne, der Mond um die Erde. Dadurch erhält er für diese Planetenbewegungen eine Gleichartigkeit und Gleichmäßigkeit und für das ganze System eine großartige Einfachheit im Gegensatz zu dem äußerst verwickelten ptolemäischen System mit seinen Exzentrizitäten und

Epizyklen — und gerade diese Einfachheit ist es, welche Kopernikus und seine geistigen Nachfolger dazu führt, den Sieg ihres Systems zu erringen. Leicht wurde es ihnen freilich nicht und lange genug hat es gedauert. Wer kann sagen, wie der Streit geendigt hätte, wären nicht Kopernikus in Kepler und Newton zwei ihm mindestens ebenbürtige Geistesheroen erstanden, die seine Vorstellungen verbesserten, erweiterten, mathematisch formulierten und physikalisch begründeten.

Eine der interessantesten und merkwürdigsten Persönlichkeiten auf dem Gebiete der Naturwissenschaften ist Johannes Kepler. Der richtige Süddeutsche (Schwabe), voller Lebendigkeit und Phantasie, aber auch voller Energie. Schon frühe beschäftigt er sich mit Astronomie und schon mit 25 Jahren, 1596, veröffentlicht er sein „Mysterium Cosmographicum“, das aber reine Spekulation ist und eine Summe von Irrtümern und falschen Behauptungen enthält. Erst viel später, nachdem er Tycho Brahe kennen gelernt und dessen Beobachtungen seinen Rechnungen zugrunde legt, findet er die drei nach ihm benannten Gesetze, die seinen Namen unsterblich und ihn zu einem der größten Astronomen aller Zeiten gemacht haben. Diese Gesetze lauten: „Die Planeten bewegen sich in Ellipsen (nicht in Kreisen, wie Kopernikus glaubte), in deren einem

Brennpunkt die Sonne steht. Die Leitstrahlen, d. h. die Verbindungslinien von Planet und Sonne, beschreiben in gleichen Zeiten gleiche Flächenräume. Die Quadrate der Umlaufszeiten verhalten sich wie die dritten Potenzen der Entfernungen von der Sonne."

Der größte Schritt aber geschah durch Isaak Newton, einen der hervorragendsten Männer aller Zeiten, den Begründer der mathematischen Physik. In seinen weltberühmten „Philosophiae naturalis principia mathematica", die zwischen 1686 und 1687 erschienen, konnte er nachweisen, daß dasselbe Gesetz, welches den Fall der schweren Körper auf die Erde beherrscht, auch für die Drehung des Mondes um die Erde und für die Bewegungen der Planeten um die Sonne gilt. Er zeigt, daß unter der Voraussetzung, daß zwischen den materiellen Teilchen anziehende Kräfte wirken, welche den Massen direkt und dem Quadrat der Entfernungen umgekehrt proportional sind, diese Kräfte nicht nur den Fall der schweren Körper auf die Erde, sondern auch die Bewegungen der Himmelskörper erklären. Freilich darf nicht zu erwähnen vergessen werden, daß schon etwa 100 Jahre früher Galilei die Grundlagen der Mechanik, die Bewegungsgesetze, die Fall- und Pendelgesetze entdeckt hatte.

Das so entstandene System der Welt ist von einer

Großartigkeit, die uns auch heute noch zur Bewunderung hinreißt und grell absticht von der Auffassung des Mittelalters. Auch hier zeigte es sich, daß die phantasiereichsten Spekulationen nur Kinderspielzeug hervorbringen gegenüber der genialen und großartigen Einfachheit der Natur selbst, freilich zeigte sich auch, daß zur Erkennung derselben jahrhundertlange aufopferungsvollste Tätigkeit der größten Intelligenzen notwendig war.

Was ist nun aber die Stellung des Menschen in dieser neuen Welt? Er ist ein Bewohner eines der vielen Trabanten einer Sonne, wie es deren im Weltall eine unendliche Zahl gibt. Wer kann wissen, ob nicht jeder dieser Fixsterne seine Trabanten hat und ob nicht diese auch bevölkert sind mit Wesen ähnlicher Art wie wir?

Das mußte jetzt dem Menschen klar werden: er ist ein Nichts in dieser Unendlichkeit, die sein Geist kaum zu fassen vermag. — Ein Traum war es, ein vermessener und gänzlich haltloser Traum, der dem Menschen seine nahen Beziehungen zum Schöpfer vorspiegelte, der ihn als sein Ebenbild geformt haben sollte. Ganz richtig kennzeichnet Goethe diesen Standpunkt, wenn er den Erdgeist zu Faust sagen läßt:

> *„Du gleichst dem Geist, den du begreifst,*
> *nicht mir.“*

Nicht vermögen wir uns eine Vorstellung zu machen von einem Wesen, das diese Welt geschaffen hat. Uns steht nur an, Bewunderung zu fühlen für diese Schöpfung, Dank zu zollen denjenigen, die uns zu deren Erkenntnis geführt haben und uns bescheiden in die Rolle zu finden, die uns in dieser Unendlichkeit zugedacht ist.

Daß in der Bibel keine Offenbarung eines übernatürlichen Wesens vorliegt, geht mit Bestimmtheit hieraus hervor. Das Alte Testament ist das Werk phantasiereicher Menschen und auch das Neue Testament kann nicht göttlichen Ursprungs sein. Doch liegt es mir fern, den hohen moralischen Wert und die poetischen Schönheiten der Bibel nur im geringsten anzutasten und ihre Bedeutung für die Erziehung zu unterschätzen.

Lange hat es aber gedauert, bis sich diese naturwissenschaftlichen Erkenntnisse Bahn gebrochen und bis ihre Konsequenzen die alten biblischen Vorstellungen, die Vorurteile und den Aberglauben des Mittelalters ausgerottet haben, denn bis heute ist der Prozeß noch nicht beendet. Das wird nur verständlich, wenn wir bedenken, daß unsere allgemeine Bildung eine rein humanistische ist, d. h. uns die Kenntnis der griechischen und römischen Sprache und Literatur eröffnet, aber die großen Fortschritte der

Naturwissenschaften und deren Bedeutung fast gänzlich ignoriert.

Die Kirche aber hat früh angefangen, sich mit diesen Dingen zu beschäftigen. Sie hat zuerst empfunden, welche große Umwälzungen durch die naturwissenschaftlichen Entdeckungen, die Stellung des Menschen dem Schöpfer gegenüber erfahren muß, und sie hat die Gefahren erkannt, welche ihr daraus erwachsen. Warum hätte sie sonst Giordano Bruno, einen der hervorragendsten Anhänger der kopernikanischen Lehre im sechzehnten Jahrhundert verbrannt, warum hätte sie Galileo Galilei, einen der größten Naturforscher, den Stolz Italiens, den Entdecker der Bewegungsgesetze, des Thermometers, vielleicht auch des Barometers und vieler anderer wertvoller Instrumente, ins Gefängnis werfen lassen und zum Widerruf der kopernikanischen Lehre gezwungen.

Und nicht gegen die katholische Kirche allein richte ich meine Vorwürfe! Die protestantische handelte in dieser Hinsicht nicht viel besser. So hat Calvin Gruet enthaupten und Servet, einen hervorragenden Arzt und Vorgänger Harveys in der Lehre vom Blutkreislauf, verbrennen lassen, nur weil er die Trinität leugnete. Von den deutschen Protestanten aber sagt Lange, der bekannte Verfasser der Geschichte des Materialismus: „Nirgends erschien der verknöcherte Dogmatismus bornierter als bei ihnen", und er citiert die Mahnung, welche das Stuttgarter Konsistorium an Kepler gerichtet hat: „er möge seine fürwitzige Natur bezähmen und sich in allen Dingen nach Gottes Wort regulieren, und dem Herrn Christus sein Testament und Kirch mit seinen unnötigen Subtilitäten, Skrupel und Glossen unverwirret lassen."

Das war im Jahre 1612 — ist es aber heute viel anders geworden? Noch heute gilt leider das Goethesche Wort:

Die Wenigen, die was davon erkannt,
Die töricht g'nug ihr volles Herz nicht wahrten,
Dem Pöbel ihr Gefühl, ihr Schauen offenbarten,
Hat man von je gekreuzigt und verbrannt.

Die Naturwissenschaften haben aber inzwischen große Fortschritte gemacht. Zu der Astronomie gesellten sich Physik und Chemie und später auch die Biologie. Mir ist es aber in der kurzen Spanne Zeit, die ich noch vor Ihnen sprechen darf, nicht möglich, die Entwickelung dieser Wissenschaften in ähnlicher Weise zu verfolgen, wie dies bei der Astronomie geschah. Nur einzelnes kann ich noch bringen, um dann den Einfluß der modernen Naturwissenschaften auf die Weltanschauung zu schildern.

2*

Da kehre ich zu Newtons Gravitationsgesetz zurück, dessen Bedeutung mit dem früher Gesagten lange nicht erschöpft ist. Jetzt erst, nach mehr als zweihundert Jahren, haben wir seine volle Tragweite erkannt und haben täglich Gelegenheit, uns von seiner unumstößlichen Sicherheit zu überzeugen. Jede Sonnen- und Mondfinsternis, jeden Venusdurchgang wissen wir Monate vorher auf die Minute genau. Aber auch den Eintritt der Gezeiten, für den Seefahrer so überaus wichtig, können wir genau berechnen. Und ist es nicht Adams und gleichzeitig Leverrier gelungen, aus den Störungen, welche die vorausberechnete Bahn des Uranus zeigte, auf einen noch entfernteren Planeten zu schließen und dessen Stellung genau zu berechnen, so daß Galle in Breslau ihn gerade da finden konnte? Und hat das Gesetz auch nur ein einziges Mal versagt, sind nicht alle seine Vorausberechnungen richtig befunden worden, besteht nicht volle Übereinstimmung zwischen Tatsache und Theorie?

Das Gravitationsgesetz ist aber nicht das einzige Gesetz, dessen Herrschaft wir unbedingt anerkennen müssen. Die letzten Jahrhunderte haben noch zwei andere Gesetze von ebenso fundamentaler Bedeutung und ebensolcher Unfehlbarkeit kennen gelehrt: Das Gesetz von der Unzerstörbarkeit der Materie und das von der Erhaltung der Energie.

Schon Demokrit hat das erste dieser beiden Gesetze geahnt und mit folgenden Worten ausgesprochen: „Aus nichts wird nichts — nichts, was ist, kann vernichtet werden. Jede Veränderung besteht nur in einer Verbindung oder Trennung von Teilen."

Zum Gesetz im naturwissenschaftlichen Sinn ist es erst durch Lavoisier geworden. Alle Arbeiten dieses genialen Forschers gehen von diesem Prinzip aus, alle seine Schlüsse sind Deduktionen aus demselben. So beseitigt er mit einem Schlag die bis dahin geltende Phlogistontheorie und setzt eine andere Theorie an ihre Stelle, die wir noch heute als richtig anerkennen. Diese Theorie — Sauerstofftheorie, wie man sie früher nannte, Verbrennungstheorie, wie wir heute sagen — soll uns hier nicht beschäftigen, nur von dem Prinzip, von dem ausgehend Lavoisier seine Ansichten bewies, soll hier die Rede sein. Dasselbe ist zur unumstößlichen Wahrheit geworden durch die zahllosen Untersuchungen, welche dasselbe bestätigen. Jede quantitativ-chemische Analyse, die seit hundertunddreißig Jahren ausgeführt wurde, kann als Prüfstein des Gesetzes betrachtet werden und diese hunderttausendfache, ja millionenfache Prüfung hat das Gesetz stets bestanden. Glaubte man einer Ausnahme auf der Spur zu sein, so hat sich dies stets als Irrtum herausgestellt. Deshalb darf man auch getrost Lavoisier neben Newton stellen. Wie dieser der Begründer der theoretischen Physik genannt worden ist, so dürfen wir Lavoisier als Begründer der wissenschaftlichen Chemie bezeichnen, und eine Rückkehr unserer heutigen Anschauungen in der Chemie zu denen vor Lavoisier, zu Stahl's Phlogistontheorie, ist ebenso bestimmt ausgeschlossen, wie ein Verlassen der Newton-Kopernikanischen Lehre zu Gunsten der ptolomäischen Auffassung.

Viel neueren Datums ist das dritte Gesetz von der Erhaltung der Energie, mit dem die Namen Julius Robert Mayer, Joule und Helmholtz auf immer verknüpft bleiben werden. Erst vor sechzig Jahren ist dies Prinzip als Grundlage aller Bewegungsverwandlungen erkannt, und doch glauben wir auch darin eine feststehende Wahrheit zu erkennen: die heutige Physik steht und fällt mit diesem Prinzip, und die weltbeherrschende Elektrotechnik konnte erst nach der Aufstellung desselben entstehen.

Das Gesetz sagt aus, daß kein *perpetuum mobile* möglich ist, daß alle Energiewandlungen in ganz bestimmter Weise vor sich gehen, so daß stets eine gewisse Arbeitsmenge einer bestimmten Menge Wärme, Elektrizität oder Licht entspricht. Nennen wir diejenigen Energiemengen, welche bei *vollständiger* Umwandlung auseinander entstehen, gleich, so läßt sich das Prinzip auch dahin aussprechen, daß bei jeder Bewegungsverwandlung die Summe der vorhandenen Energien unverändert bleibt.

Außer diesen drei Gesetzen kennen wir noch sehr viele andere, deren allgemeine Bedeutung nicht so groß ist, die aber doch für viele Erscheinungen strengste Gültigkeit beanspruchen dürfen. Dahin gehört vor allem das Gesetz der multiplen Proportionen, welches die Gewichtsverhältnisse bestimmt, nach welchen sich die Elemente miteinander verbinden, das Verbindungsgesetz der Gase, das wir Gay-Lussac verdanken, das Gesetz von van der Waals, welches die Beziehungen zwischen Druck, Volum und Temperatur bei den Gasen und bei den Flüssigkeiten festlegt, das Ohm'sche Gesetz, das die Grundlage der elektrischen Messungen bildet, das Joule'sche Gesetz über die Wärmeentwickelung durch elektrische Ströme, die Faraday'schen Gesetze der Elektrolyse, die Kirchhoff'schen Gesetze der Stromverteilung, das Carnot-Clausius'sche Gesetz über die Verwandlung von Wärme in Arbeit, das Gesetz der Lichtreflexion u. s. w.

Sollten diese Gesetze, zu denen noch sehr viele andere hinzukommen, nicht genügen, den gesetzmäßigen Verlauf aller Naturerscheinungen zu erweisen? Ich glaube doch. Bedenkt man, daß nur ganz hervorragenden Geistern das Auffinden und die Formulierung von so allgemein gültigen Sätzen möglich ist, bedenkt man ferner, daß die Naturwissenschaften erst seit vierhundert Jahren existieren und daß sie erst seit Newton, d. h. seit zweihundertundzwanzig Jahren eine allgemeinere Bedeutung gewonnen haben und gelehrt werden, so kann man mit Zuversicht behaupten, daß die nächsten Jahrhunderte neue Aufschlüsse in dieser Richtung bringen und jeden Widerspruch dagegen beseitigen werden.

Aber schon jetzt können wir behaupten, daß der Wunderglaube in Nichts zerfällt, daß niemals ein Wunder geschehen ist, noch je ein solches geschehen kann. Alles in der Natur Vorkommende ist natürlich, und das Übernatürliche entspringt dem Gehirn von Phantasten und Unwissenden.

Sehr schwierig gestaltet sich die Frage nach einem persönlichen Gott vom naturwissenschaftlichen Standpunkte aus.

Da wir nicht wissen, woher die weltbeherrschenden Gesetze kommen, und da diese für die Entstehung der Welt keine Erklärung geben, so sind wir durchaus berechtigt, uns einen Weltenschöpfer als allmächtigen Gott vorzustellen, wenn derselbe auch nach Erschaffung der Welt nicht mehr über den Gesetzen stehen kann, da sonst seine Allmacht irgendwo oder irgendwann in Erscheinung treten müßte. Wir müssen ihn jetzt als eine Verkörperung dieser Gesetze denken.

Eine nach allen Seiten hin befriedigende Lösung dieser Frage zu geben, erscheint mir kaum möglich.

Jedenfalls gehe ich nicht so weit wie David Friedrich Strauss, der, Theolog und Philosoph, Gott als Phantasiegebilde bezeichnet. In seinem „Alten und neuen Glauben" sagt er wörtlich das Folgende: „Die Idee des Universums kann und wird sich uns mit allem demjenigen erfüllen und bereichern, was wir in der natürlichen wie in der sittlichen Welt als Kraft und Leben, als Ordnung und Gesetz erkennen werden; über sie hinauszukommen aber wird uns niemals möglich sein, und wenn wir es dennoch versuchen und uns einen Urheber des Universums als absolute Persönlichkeit vorstellen, so sind wir durch alles Bisherige zum voraus belehrt, daß wir uns lediglich mit einem Phantasiegebilde zu schaffen machen."

Freilich bleibt Jedem in solchen Dingen ein weiter Spielraum, so daß Erziehung, Studiengang, Geschlecht, Nationalität, Gewissen, Gesellschaftsklasse u. s. w. von wesentlichem Einfluß sein können und der individuellen Neigung eine große Freiheit bleiben sollte. Um so mehr muß man es bedauern, daß gerade diese für viele Menschen wichtigsten Fragen nach ganz bestimmten Normen und vorgezeichneten Schemata behandelt werden, so daß Jeder in seiner Jugend geradezu gezwungen wird, sich für ein solches Schema zu entscheiden und dieses, wenigstens im allgemeinen, sein Leben lang beizubehalten. Hier bleibt noch viel zu reformieren. Der Anfang dazu kann aber erst gemacht werden, wenn die allgemeine Bildung nicht wie bisher eine rein humanistische ist, d. h. auf der Kenntnis toter Sprachen und ihrer Grammatik beruht: die allgemeine Bildung muß auf der Kenntnis der Natur und ihrer Gesetze aufgebaut werden.

Dazu gehört aber nicht nur das Eingehen auf die unbelebte Natur, mit der allein wir uns bisher beschäftigt haben, auch das Studium der organisierten Materie, die Biologie, Physiologie und Psychologie haben wichtige Resultate gezeitigt, die nicht unterschätzt werden dürfen.

Hier, wo nur das Wichtigste und dies nur andeutungsweise behandelt werden kann, will ich gleich einen Gedanken in den Vordergrund rücken, der belebend und reformierend auf das ganze Gebiet der Biologie gewirkt hat. Ich meine Darwins Theorie von der Entstehung der Arten und der Abstammung des Menschen. Wenn auch einige hierhergehörige Gedanken schon vor Darwin, von Lamarck, Goethe u. A. ausgesprochen wurden, so ist doch erst durch Darwin eine durchgebildete Theorie entstanden, die allgemeiner bekannt und anerkannt wurde.

Ähnlich wie Astronomie, Physik und Chemie die

Stellung des Menschen im Universum beleuchteten und festlegten, so geht aus Darwins Theorie die Bedeutung des Menschen auf der Erde hervor. Und da zeigte es sich wieder, welch übertriebene Vorstellung davon die früheren Jahrhunderte besaßen. Damals betrachtete man den Menschen als der Schöpfung Endzweck und alle anderen Lebewesen schienen nur dazu vorhanden, um seine Bedürfnisse, ja seine Genußsucht zu befriedigen. Die teleologischen Vorstellungen, welche noch im vorigen Jahrhundert viele Anhänger zählten, glaubten die Existenz ganzer Tier- und Pflanzenklassen auf den Nutzen zurückführen zu können, welchen sie dem Menschen gewähren. Wie anders ist dies heute geworden! Wir glauben nahe genetische Beziehungen zwischen dem Menschen und gewissen höheren Tierklassen erkannt zu haben, und leiten den Menschen und gewisse Tiere von derselben Urform ab. Wenn auch der Mensch vor allen Tieren die Sprache voraus hat, wenn auch zweifellos seine Seele und seine Intelligenz auf einer viel höheren Stufe steht, so können wir andrerseits auch den Tieren gewisse Verständigungsmittel nicht absprechen und manche ihrer Handlungen lassen auf seelische Vorgänge schließen. In dieser Hinsicht möchte ich mir gestatten, Ihnen eine kleine Geschichte vorzutragen, die der berühmte Psychiologe Wundt in Leipzig erlebt und selbst erzählt hat: „Als Knabe hatte ich mir eine einem Taubenschlag ähnliche Fliegenfalle eingerichtet. Die Fliegen wurden durch gestreuten Zucker angelockt und, wenn sie in die Falle gegangen waren, gefangen. Hinter der Falle war aber ein zweites Gehäuse angebracht, das beliebig durch einen Schieber gegen die Fliegenfalle geöffnet oder geschlossen werden konnte. In diesen Raum hatte ich eine große Kreuzspinne gesetzt. Falle und Gehäuse waren aber mit Glasfenstern versehen, so daß ich alles, was innen vorging, bequem beobachten konnte. Zunächst gab es nun nichts sonderlich Merkwürdiges. Waren einige Fliegen gefangen und wurde der Schieber geöffnet, so stürzte sich natürlich die Kreuzspinne auf ihre Opfer und vertilgte sie. Eines Tages aber machte ich eine merkwürdige Entdeckung. Als der Schieber zufällig während meiner Abwesenheit offen gewesen war und ich ihn wieder unschließen wollte, bemerkte ich, daß sich dem ein ungewöhnliches Hindernis entgegenstellte. Bei näherem Zusehen fand sich, daß die Spinne unmittelbar unter dem emporgezogenen Schieber eine große Zahl dicker Fäden ihres Gewebes gezogen, die gleich festgespannten Stricken das Schließen des Schiebers hinderten."

W u n d t deutet die Handlung der Spinne als durch Ideenassoziation veranlaßt und leugnet jede komplizierte Überlegung. Ganz zweifellos aber waren hier Vorstellungen und Empfindungen tätig, also seelische Vorgänge. Und welche Züge von Anhänglichkeit und Treue, von Einsicht und Verständnis kennen wir bei höheren Tieren, besonders bei Haustieren und namentlich beim Hunde, so daß wir an dem Seelenleben der Tiere nicht zweifeln können.

Das wird aber von Wichtigkeit, wenn wir uns jetzt einer der schwierigsten und intrikatesten Fragen der Weltanschauung zuwenden: der Unsterblichkeitslehre. Keine Frage schneidet so tief in unser Denken und Empfinden ein, wie gerade diese, und es wird mir daher besonders schwer, als Nichtpsychiolog dieselbe hier vor einem so urteilsfähigen Publikum behandeln zu sollen. Aber mein Thema verlangt, daß ich auch diese Frage berühre.

Nun meine ich, daß falls man für den Menschen Unsterblichkeit fordert, es sehr schwer fällt, diese den Tieren ganz abzusprechen. Wohin sollte es aber führen, wenn wir auch den Tieren Unsterblichkeit zuerkennen wollten? Das scheint mir nicht angängig und das ist einer der vielen Gründe, die mich verhindern, diesen schönen und trostreichen Gedanken als der Wirklichkeit entsprechend zu betrachten. Ich sage ausdrücklich einer der vielen Gründe und füge hinzu, keiner der schwerwiegendsten.

Kennen wir denn ein Substrat der Seele? Ich

kenne keins. Was also soll unsterblich sein? Könnten wir uns nur irgend eine, mit wissenschaftlichen Prinzipien im Einklang stehende Vorstellung von der Art dieses Fortlebens machen? Mir ist aber eine solche Möglichkeit nicht bekannt. Und weiter! Welche Seele ist denn unsterblich? Denken Sie an hervorragende Männer der Kunst und Wissenschaft, an große Staatsmänner, Philosophen, an Religionstifter, deren Seele zweifellos zur Zeit ihrer höchsten Blüte Unsterblichkeit verdiente. Nun aber werden diese Männer alt, grämlich, verdrießlich, vielleicht sogar kindisch, ehe sie sterben. Welcher Seele wollen Sie nun Unsterblichkeit zuerkennen? Der Seele des eben Verstorbenen, die es gar nicht mehr verdient, oder einer Seele, die nicht mehr existiert? Derartigen Schwierigkeiten begegnet man auf Schritt und Tritt. Ich begnüge mich aber, eine einzige hervorzuheben, weil sie mir gestattet, Sie an den schönen Vortrag zu erinnern, den im letzten Jahre Prof. v. Eiselsberg aus Wien von ähnlicher Stelle aus gehalten hat. Da haben Sie gehört, wenn Sie es nicht schon wußten, daß bei vollständiger Exstirpation der Schilddrüse die betreffenden Patienten häufig blödsinnig werden, d. h. ihre Seele so gut wie verlieren. Wie wollen Sie es da mit der Unsterblichkeit halten?

Ich glaube, daß bei dieser Frage, mehr als bei

jeder anderen, der Wunsch der Vater des Gedankens ist, denn ich kenne keine einzige wissenschaftlich erhärtete Tatsache, auf die wir uns bei dem Unsterblichkeitsglauben berufen können. Sie werden mir entgegenhalten, daß die felsenfeste Überzeugung von der Richtigkeit dieser Lehre, welche im Bewußtsein der meisten Menschen lebt, eine Garantie für ihre Wahrheit bietet. Ich aber wage dies zu bestreiten. Wer nicht blindlings glaubt, wer über den Glauben nachdenkt, wird ihn leicht verlieren. Als Zeuge für meine Anschauung citiere ich den schon erwähnten Psychiologen Wundt, der die persönliche Unsterblichkeit als mit den Resultaten psychischer Forschung unvereinbar erklärt und als ein unerträgliches Verhängnis betrachtet wissen will. Ich behaupte nicht, daß jeder denkende Psychiolog auf diesem Standpunkt steht, ich glaube sogar zu wissen, daß dies nicht der Fall ist, ich kann aber hier nur meiner eigenen Überzeugung Ausdruck verleihen.

So führt denn, werden Sie sagen, die Naturforschung und ihre konsequente Durchführung zu einer Negation jeder positiven Religion, und dadurch für die Meisten zu einem Verlust aller Ideale. Der Himmel wird entvölkert, die Phantasie vernichtet, und was tauschen wir dafür ein: Eisenbahnen, Telegraphen, elektrisches Licht, künstliche Farben u. s. w. Ich höre schon den Ruf: „Ihr Naturforscher zerstört das Glück, den festen Glauben an die Unsterblichkeit und was gebt ihr uns dafür? Fabriken und das soziale Elend.“

Dieser Vorwurf ist unwahr und ungerecht, und ich bitte noch um einige Minuten Geduld, um ihn zu widerlegen. Dies ist um so nötiger, als diejenigen, welche vor mir einen ähnlichen Standpunkt vertraten, gerade hier scheiterten.

Ich behaupte, daß fast alle humanen Bestrebungen der letzten Jahrhunderte hauptsächlich durch die Aufklärung veranlaßt wurden, die wir den Naturwissenschaften verdanken. Streng beweisen kann ich dies freilich nicht, aber gerade die Erkenntnis, daß für das Elend in dieser Welt in dem Jenseits kein Ersatz gefunden werden kann, mußte dazu führen, das Diesseits besser zu gestalten.

Der Begriff der menschlichen Freiheit, der mit den humanen Bestrebungen im engsten Zusammenhang steht, ist in neuerer Zeit zuerst wieder auf englischem Boden erwachsen. In die Verfassung aufgenommen wurde er dort durch die Habeaskorpusakte, welche das englische Parlament vom Jahre 1679 angenommen hat. Damals war Earl of Shaftesbury Lordkanzler und seinem Einfluß ist hauptsächlich die Annahme dieser Bill zu danken. Shaftesbury aber war ein Freund des berühmten Philosophen Locke, der jahrelang in seinem Hause als ärztlicher Berater, und später als Erzieher seines Sohnes tätig war. Locke aber hat seine Ansichten über die menschliche Freiheit sehr eingehend in der Schrift „on government" niedergelegt. Locke war seinem Studiengang nach Mediziner, konnte aber diesen Beruf seiner schwachen Gesundheit wegen nicht ausüben. Er muß als einer der Begründer der rationalistisch-empirischen Philosophie betrachtet werden und sah nur das als richtig an, was direkt aus der Erfahrung stammte oder daraus durch Induktion gewonnen wurde, steht also ganz auf naturwissenschaftlichem Boden.

Von England aus ward der Freiheitsbegriff nach Amerika verpflanzt und tritt uns dort in dem berühmten Manifest entgegen, welches der Kongreß von Philadelphia aus dem Jahre 1774 erlassen hat. Hier ist der persönliche Freiheitsbegriff der Habeaskorpusakte zu dem politischen Unabhängigkeitsbegriff erweitert.

Am folgereichsten aber war die Erklärung der Menschenrechte, welche die französischen Reichsstände vom 11. Juli 1789 auf Antrag Lafayettes annahmen. Der Einfluß Amerikas ist durch den Antragsteller hinreichend gekennzeichnet, doch war den Franzosen der Freiheitsbegriff schon geläufig durch die Aufklärungsphilosophen wie Voltaire, durch die Enzyklopädisten und durch Rousseau, der durch seinen „contrat social“ einen großen Einfluß geübt hat. In der Erklärung der Menschenrechte wird weit über die Habeaskorpusakte hinausgegangen, da jetzt nicht nur die Freiheit des Einzelnen und sein Eigentum garantiert, sondern die ganze Souveränität in das Volk gelegt wird und erst von diesem wieder verliehen werden kann.

Viele der blutigen Kämpfe und Greuel der französischen Revolution stehen mit der Durchführung dieses Prinzips im Zusammenhang, und umsonst ist das viele Blut in jener Zeit nicht geflossen. Der Feudalstaat fällt und ein Geist der Brüderlichkeit unter den Nationen entsteht, den man früher nicht kannte. Und welche Konsequenzen von unendlicher Tragweite hat dieses Prinzip der Gleichheit und Brüderlichkeit nach sich gezogen! Ich nenne nur eins, das allein genügen wird: Die Aufhebung der Sklaverei und Leibeigenschaft. Was das Christentum allein nicht hat erreichen können, das ist mit Hilfe der Aufklärung, die wir hauptsächlich den Naturwissenschaften danken, möglich geworden. Das ist ein großartiges Resultat, dem keine andere Tat des Menschengeschlechts an die Seite gestellt werden kann, denn hierdurch sind Millionen von Menschen einem menschenwürdigen Dasein zurückgegeben worden. Doch damit nicht genug! Alle sozialen Bestrebungen, die ganze soziale Gesetzgebung entspringen denselben Quellen. Und sehen wir nicht alle Kulturstaaten, Deutschland voran, mit solchen Aufgaben beschäftigt, sich gegenseitig in der Erreichung dieser Ziele überbietend! Und wenn auch der Fortschritt auf diesem Wege durch anarchistische Taten und sozialistische Übertreibungen zurückgehalten wird, so können wir doch mit Zuversicht die Hoffnung aussprechen, daß man, den begangenen Weg verfolgend, dem Ziele immer näher kommen wird. Und ist es nicht des Lebens wert, durch seine eigene Arbeit an der Erreichung dieses Zieles mitgewirkt zu haben? Ich meine doch!

Noch wichtiger aber ist, daß durch die Aufklärung, welche wir zumeist den Naturwissenschaften verdanken, ein Geist der Toleranz, der Brüderlichkeit und der Friedensliebe entstanden ist, und daß wir es als eine ernste Pflicht betrachten, den Armen und Elenden in dieser Welt beizustehen, ihr Schicksal zu erleichtern und sie nicht auf ein ungewisses Jenseits zu vertrösten.

„Werktätige Menschenliebe“

sei deshalb unsere Losung.

Druck von Metzger & Wittig in Leipzig.

FSC
www.fsc.org
MIX
Papier | Fördert
gute Waldnutzung
FSC® C083411

Zeitfracht Medien GmbH
Ferdinand-Jühlke-Straße 7
99095 Erfurt, Deutschland
produktsicherheit@kolibri360.de